AF313745

L'OISEAU BLEU,

OPÉRA, PANTOMIME, FÉERIE

En 4 Actes, à grand Spectacle.

Paroles de Mr B. DE ROUGEMONT.
Musique de Mr FOIGNET, *fils.*
Mis en scène par Mr EUGÈNE HUS.

Représenté pour la 1re. fois à Paris, le 5 Germinal an XI, sur le Théâtre des Jeunes Artistes.

Se vend à Paris,

CHEZ { PELLETIÉ, Imprimeur rue Française, n.° 13. près celle Pavée St.-Sauveur ; L'Auteur, rue de Bondy, n.° 8.

Et chez tous les Marchands de Nouveautés.

AN XI.

| PERSONNAGES. | *Acteurs.* |

M M.

CASSANDRE, Roi du Pays . . . BOURGEOIS.
ARLEQUIN, Prince de la Folie . FOIGNET, fils.
GILLES, Prince des Niais . . . . LIEZ.
NADIR, Officier des Gardes de Gilles. LE FEVRE, aîné.
SOLMAN, } Chefs des gardes de Gilles. { DOUVRY.
PADOR,   }   { LE FEVRE, jeune.

SAVANTS des États de Gilles. { ROBERT.
                             { DOUVRY.
                             { GONTHIER.

LE GRAND PRÊTRE . . . . . . GONTHIER.
SOLDATS des États de Gilles.
PEUPLE des États de Cassandre.
PEUPLE des États de Gilles.
L'AMOUR sous la forme de l'Oiseau bleu. Mlle. DESCHAMPS.

Mesdames

LA FÉE TANTPIS, Maraine de Gilles. MARTIN.
COLOMBINE, Fille de Cassandre . HORTENCE.
DAMES de la Cour de la Fée.
DAMES de la Cour de Colombine.
Douze GILLES . . . . . . {
Quatre COLOMBINES . . . { Enfans dansants.
DANSE, etc.

La Scène à D.* B.* R.* R.* H.*

L'OISEAU BLEU,

OPÉRA, PANTOMIME, FÉERIE

En 4 Actes, à grand Spectacle.

ACTE PREMIER.

Le Théâtre représente un Jardin agréable ; dans le fond un autel paré de guirlandes ; tout le peuple est à l'entour. Arlequin affublé d'un manteau espagnol, Cassandre en costume royal, et Colombine en princesse, sont plus près de l'autel, le grand prêtre est au milieu d'eux.

SCÈNE PREMIERE.

CHŒUR.

Célébrons le jour heureux,
Où Colombine se marie,
Où nous allons voir dans ces lieux
Régner le prince de la folie.

LE GRAND PRÊTRE.

Tous deux approchez de l'autel,
Et par un serment solemnel,
Jurez vous un amour éternel.

CHŒUR.

Tous deux, &c.

CASSANDRE.

Jeune Prince de la folie,
Entre tes mains je remets mes Etats.

ARLEQUIN.

Que mon sort est digne d'envie !

CASSANDRE

De ton pouvoir n'abuse pas.

COLOMBINE.

Jeune Prince de la folie,
C'est à toi que je confie,
Et mon bonheur et mes appas.

ARLEQUIN.

Que mon sort est digne d'envie !

COLOMBINE.

De ton pouvoir n'abuse pas.

LE GRAND PRÊTRE.

Tous deux approchez de l'autel, &c.

(2)

LE CHŒUR.

Tous deux, &c.

ARLEQUIN.

Je jure..

U · VOIX.

Arrête..

COLOMBINE.

Et je promets..

LA VOIX.

Arrête !

Je m'oppose à vos nœuds.

CASSANDRE.

Qui peut ainsi troubler la fête ?

LA FÉE.

'Moi.

(*Elle paraît dans un char auquel sont attelés les animaux les plus malfaisans.*)

CASSANDRE.

Je suis perdu, Grands Dieux !

LA FÉE.

Te serais-tu jamais flatté
D'échapper à ma vengeance ;
Cet enfant, ta superbe espérance,
Ce prodige de beauté
Est réservé pour un autre hymenée.

CASSANDRE, ARLEQUIN, COLOMBINE.

O Ciel !

LA FÉE.

A d'autres nœuds, ta fille est destinée.

COLOMBINE ET ARLEQUIN.

Plutôt mourir que de vivre sans toi.

LE CHŒUR.

La princesse a reçu sa foi.

LA FÉE.

Peuple qui m'écoutez, respectez mes décrets.

LE CHŒUR.

Chacun de nous vous implorez,
Ah ! renoncez à vos cruels projets.

LA FÉE.

C'est envain que l'on m'implore,
Je ne change rien à mes lois ;
Pour vous punir et vous prouver mes droits,
Vous allez redevenir encore
Ce que vous fûtes autrefois.

(*L'autel disparaît ; Colombine est enlevée dans les airs. Cassandre et Arlequin se retrouvent sous leurs véritables costumes.*)

LE CHŒUR.

O jour affreux ! ô jour funeste !
Mais du sort respectons les coups,
Qu'auprès d'eux personne ne reste
Le malheur est comme la peste,
Fuyons, partons, retirons-nous.

(*Ils sortent.*)

SCÈNE II.

ARLEQUIN.

Eh bien beau père ?

CASSANDRE.

Eh bien mon gendre ?

ARLEQUIN.

Votre gendre ? il paraît que je ne le suis pas encore.

CASSANDRE.

Cette maudite Fée, elle se fait un plaisir de me causer du mal.

ARLEQUIN.

Je connais beaucoup de gens comme cela.

CASSANDRE.

Depuis mon enfance elle me persécute.

ARLEQUIN.

Il y a longtems qu'elle a commencé.

CASSANDRE.

Elle m'avait prédit ce qui vient de m'arriver.

ARLEQUIN.

Il fallait donc chercher les moyens de l'empêcher. Ma pauvre Colombine, que va-t-elle devenir ?

CASSANDRE.

Malheureux père !

ARLEQUIN.

Hélas !

CASSANDRE.

Ah !

ARLEQUIN.

Monsieur Cassandre, ce n'est point ici le moment de se désoler, il faut agir....

CASSANDRE.

J'agirai....

ARLEQUIN.

Il faut rassembler.... que vois-je ? tous nos amis ont disparu.

CASSANDRE.

C'est l'ordinaire.

ARLEQUIN.

Qu'importe ?... Orphée fut seul chercher sa femme aux enfers, j'irai chercher la mienne....

CASSANDRE.

Jusques chez la Fée Tantpis.... Ah ! mon cher Arlequin, tu ignores la difficulté de l'entreprise.

ARLEQUIN.

L'espérance et l'amour me prêteront des forces.

CASSANDRE.

Lorsqu'on voyage seul....

ARLEQUIN.

Vous m'accompagnerez.

CASSANDRE.

Je ne le puis.

ARLEQUIN.

Votre refus est d'un bon père.

CASSANDRE.

J'ai toujours été comme cela.

ARLEQUIN.

Vous ne changerez rien à ma résolution, et je partirai seul.... puisqu'il le faut.

CASSANDRE.

Arlequin, je suis père, et je ne souffrirai point.... que tu me quittes. Je connais le sort qui est réservé à ma fille. La Fée Tantpis qui arrive toujours mal à propos, vint aussi troubler le premier jour de mes noces, sous prétexte qu'elle n'y était point invitée ; elle me prédit entr'autres choses, que j'aurais une fille jolie, douce, aimable, telle que tu as vu Colombine ; mais elle m'enjoignit de ne point disposer de sa main, attendu qu'elle la réservait à son filleul, le seigneur Gilles, prince des niais. Ma fille ta vu, tu as vu ma fille ; elle ta plu, tu lui as plu,... J'ai fort peu de mémoire, encore moins de caractère.... J'ai consenti à votre union.... mais la Fée, que cela n'arrangeait point, a paru, et m'a puni de ma faiblesse.

ARLEQUIN.

Ainsi Colombine est destinée à être la femme d'un Gilles.

CASSANDRE.

Oui, mon ami.

ARLEQUIN.

Et vous le souffrirez ?...

CASSANDRE.

Pourquoi pas ?

ARLEQUIN.

La femme d'un Gilles !

CASSANDRE.

Ah ! mon ami, si les gilles ne trouvaient pas de femmes où en serions-nous ?

ARLEQUIN.

Ce n'est pas une raison pour lui céder la mienne.

CASSANDRE.

La Fée l'a ordonné ainsi ; et tu aurais tort de vouloir opposer à ses desseins.

(5)

ARLEQUIN.

J'aurais tort !... sangodémi !... monsieur Cassandre, je
vous respecte, je vous estime, vous donnez des avis excellens;
mais.... permettez-moi de ne pas les suivre.... quelque soit
le sort qui m'attend, je ne prendrai point de repos que je
n'aie retrouvé ma Colombine.

UNE VOIX.

Et tu la retrouveras.

ARLEQUIN.

Dieux ! quelle est cette voix ?

LA VOIX.

Celle d'un Génie qui te protège.

ARLEQUIN.

D'un Génie !... monsieur Cassandre, entendez-vous : il
n'est pas étonnant que vous n'ayez pas réussi , vous n'avez
pas de génie, vous ?

CASSANDRE.

Je ne m'en connais pas.

ARLEQUIN.

Bon Génie ? et comment dois-je m'y prendre pour réussir ?

LA VOIX.

Prends et lis.
(*L'Oiseau bleu sort du buisson , s'envole en laissant tomber
une petite baguette, à laquelle est attaché le billet ; Arlequin
la ramasse et lit.*)

« Si tu peux pénétrer chez la Fée Tantpis, avant qu'elle
» ait présenté Colombine à son fils, Colombine te sera rendue.
(Elle me serait rendue !) « Cette baguette te servira pour
» te faire obéir des esprits qui sont sous mes ordres. Ne ré-
» clame mes secours que dans les grands dangers : je m'offri-
» rai toujours à tes regards sous la forme d'un oiseau. Du
« courage, de la prudence, je veille sur toi. »

DUO.

ARLEQUIN.

Qui que tu sois, charmant génie,
De bon cœur je te remercie.
Ma Colombine m'est ravie ;
Mais de la revoir ,
Tu m'offres l'espoir.

CASSANDRE.

Qui que tu sois, etc.

ARLEQUIN.

Partons , partons en diligence.

CASSANDRE.

Tu peux partir, je reste ici.

ARLEQUIN.

Quoi vous restez ?

CASSANDRE.

De la prudence.
Toujours Cassandre fut l'ami.

ARLEQUIN.
Esprits soumis à ma puissance,
Daignez me prêtez vos secours.

CASSANDRE.
Je tremble pour ses jours,
(*Deux petits Enfans vêtus très-légèrement ; aîles bleues aux pieds et au dos, paraissent en dansant.*)

ARLEQUIN.
Il me faut dans l'instant franchir l'espace immense,
Qui sépare ces lieux,
Du palais fastueux,
Où Gilles fait admirer sa puissance.

CASSANDRE.
Pauvre Arlequin!
(*Les Enfans lui demandent par signes, s'il veut être transporté en carrosse.*)

ARLEQUIN.
Les chevaux sont trop lents.
(*Les enfans par signes.... sur un nuage.*)

ARLEQUIN.
J'aime assez la vîtesse des vents ;
Mais la voiture
Est trop peu sûre.

CASSANDRE.
Pauvre Arlequin !
(*Les Enfans.... sous terre ?*)

ARLEQUIN.
Sous terre ?. . . . Eh ! mais,
J'approuve une telle manière,
Et j'en augure un bon succès.

CASSANDRE.
Pauvre Arlequin, que va-t-il faire ?
(*Les Enfans font sortir de dessous terre une voiture, et Arlequin se met dedans.*)

ARLEQUIN.
Je pars, adieu mon cher beau-père,
Ma Colombine m'est trop chère
Pour m'arrêter en ce lieu,
Adieu monsieur Cassandre, adieu ;

CASSANDRE.
Ton départ m'arrache des larmes,
Pour faire cesser mes allarmes
Reviens promptement en ce lieu,
Adieu, cher Arlequin, adieu.

ACTE SECOND.

Le Théâtre représente le Palais de la Fée Tantpis, à gauche et à droite un canapé.)

SCÈNE PREMIERE
GILLES, *seul.*
(*Il entre en baillant.*)
Ah ! ah !.... ce maudit lycée m'a disloqué la machoire....

c'est vraiment désolant, contrariant, tout le monde n'a fait qu'y bailler et s'endormir.... C'est dit, je n'irai jamais au lycée qu'après mon souper, et avec mon bonnet de nuit.... Que je m'ennuie !... Ma maraine ne revient pas.... elle est drôle ma maraine, elle est allée me chercher une femme.... elle veut absolument que je me marie, au fait, je suis né pour l'être.... un peu plutôt, un peu plus tard, qu'importe, pourvu que ma future soit jeune et jolie !... je me connais, je suis d'un sang calme, j'ai besoin d'être ému, contrarié, bouleversé.... et il n'y a qu'une femme qui puisse me rendre ce service là.

RONDEAU.

Pour nous émouvoir chaque belle,
Tour-à-tour sait tout employer,
Peut-on dormir au-près de celle
Qu'amour fit pour nous réveiller ;
   Dans les ennuis, dans les soupirs,
   Tristement, on passe sa vie,
     Si femme jolie
Ne sait provoquer vos désirs
    Egayer vos loisirs,
    Et doubler vos plaisirs,
     Car
Pour nous émouvoir, &c.
On dort au sein de la grandeur,
On dort au sein de la richesse,
On dort au sein de la détresse,
On dort même au sein du bonheur,
    Mais
Pour nous émouvoir, &c.

SCÈNE II.
NADIR, GILLES.
NADIR.

Une troupe de Savans demande à parler à son altesse.

GILLES.

C'est pour m'achever.

NADIR.

Leur mise est bisarre, grotesque, et leur langage a quelque chose d'important qui pourra vous amuser.

GILLES.

Tu crois ?

NADIR.

J'ose vous l'assurer.

GILLES.

Qu'ils entrent pour me faire rire.

SCÈNE III.
NADIR, UNE TROUPE DE SAVANS.
TOUS.

Monseigneur, nous venons vous   { Prier.
  Demander.
  Présenter

GILLES.

Ne parlez-pas tous à la fois , si vous voulez que je vous entende.

UN SAVANT.

Chargé par l'honnorable assemblée de vous porter la parole ; gratifié par elle d'un brevet d'invention , pour avoir découvert les cravattes élastiques , je m'empresse de féliciter un prince, dont les vertus sont en si grand nombre , que.... que.... (*il tire un cahier de sa poche, et lit*) que l'on perdrais son temps à les compter.

TOUS.

A les écouter.

GILLES.

Messieurs, vous êtes trop honnêtes.

LE PREMIER.

Puisse l'objet qui vous est destiné , faire votre bonheur , comme Cléopatre fit celui de Pirrhus.

TOUS.

Celui de Pirrhus.

GILLES, *à part.*

Pour des savans , ils ne sont guère instruits.

LE PREMIER.

Notre lycée...

GILLES, *baillant.*

Ah !

LE MÊME

Compte sur votre protection , et vous invite à ses séances.

GILLES, *baillant plus fort.*

Ah !

UN AUTRE SAVANT.

J'y lis des contes, des fables , des madrigaux.

GILLES.

Ah !

UN 3.ᵉ

J'y donne des leçons de poësie.

GILLES, *plus fort.*

Ah !

UN AUTRE.

Moi , prince , enhardi par votre sagesse, je viens vous dénoncer les abus qui existent dans vos Etats.

GILLES.

C'est décidé, ils vont m'endormir.

LE 1.ᵉʳ

Et moi , je viens me plaindre à vous des troubles qui assiègent les domaines de Thalie.

(9)

GILLES.

Voilà du comique.

LE 2.^e

Plus de mœurs, de décence, de justice !

LE 1.er

Plus de règles, de gaité, d'intrigues !

NADIR.

Il y en avait tant autrefois !

LE 2.^e

Le bon droit perd sa cause.

LE 1.er

Le mauvais goût gagne la sienne.

LE 2.^e

Les juges s'entendent.

LE 1.re

Les auteurs se volent.

LE 2.^e

Les procès sont vendus.

LE 1.er

Les pièces sont siflées.

LE 2.^e

Les juges s'enrichissent.

LE 1.er

Les directeurs se ruinent.

GILLES.

Je m'endors.

UNE PARTIE DES SAVANS.

Prince, rendez à Thémis, sa bienfaisante institution.

L'AUTRE PARTIE.

Prince, rendez à Thalie, son éclat et sa gaité.

GILLES, *s'endormant.*

Je.. je.. leur... rendrai...

CHŒUR DE SAVANS.

Cher Prince soyez nous propice,

GILLES.

Ah ! qu'ils fatiguent mes Regards.

UNE PARTIE DES SAVANS.

Faites revivre la justice,

L'AUTRE PARTIE.

Daignez protéger les beaux-arts,

GILLES.

De leurs discours je sens déjà.
L'inévitable influence,
Et je m'endors . . . . .

NADIR.

Messieurs, faites silence ;
Le Prince s'endort.

LES SAVANS.
Quoi, déjà !
NADIR.
Soyez certains qu'à vous il pensera,
Je vous en donne l'assurance.
LES SAVANS.
A nous il pensera.
Nous emportons cette espérance.
NADIR.
Eloignez-vous, faites silence,
Le prince doit. faites silence ;
Partez en diligence,
A vous il pensera.
LES SAVANS.
Eloignons-nous, fesons silence,
A nous il pensera.
Partons, partons en diligence,
Partons en diligence.

(*Ils sortent, le garde les conduit, pendant ce temps, Arlequin sort de dessous terre dans la voiture de la scène seconde.*)

SCÈNE IV.
GILLES, *dormant*, ARLEQUIN.
ARLEQUIN.

Ouf ! me voici rendu.... tu dieu ! le joli palais ! ah ! Colombine, ce palais te tentera peut être, et tu oublieras ton pauvre Arlequin. . Monsieur Arlequin, ce que vous dites est fort mal, très-mal ; soupçonner le cœur de Colombine, c'est se rendre indigne de le posséder. Ciel !... que vois-je !... un homme endormi. A son habit je crois reconnaître.... oui, c'est mon rival.... Ah ! petit coquin !.. vous voulez me souffler ma maîtresse. Vous ignorez jusqu'où va mon pouvoir.... Vous ignorez que je puis vous empêcher de voir ma Colombine. Si elle allait arriver !... Consultons-nous.... Je puis.... non.... oui.... impossible.... ah !... délicieux, la Fée ne pourra se douter de rien. Trompée par la ressemblance, elle croira parler à Gilles. Je souhaite que Gilles disparaisse de ce salon, et je desire être revêtu d'habits pareils aux siens. (*Le canapé disparait, et Arlequin se trouve en Gilles.*) Charmant ! voilà ce que c'est que d'avoir un génie à ses ordres.

SCÈNE V.
ARLEQUIN, en Gilles, NADIR.
NADIR.

Quoi, prince ; vous êtes déjà réveillé ?
ARLEQUIN.
Oui.

NADIR.
Votre sommeil n'a pas été long.
ARLEQUIN.
Je n'ai pas le temps de dormir.

(11)

N A D I R.

Non, sans doute; car la reine vient d'arriver avec une
princesse charmante.

A R L E Q U I N.

Ma Colombine est ici ? quel bonheur !

N A D I R.

C'en est un très-grand pour vous, car votre maraine dit
que deux minuttes plus tard, votre Colombine était perdue.

A R L E Q U I N.

Perdue !

N A D I R.

C'est à dire mariée à un benêt nommé Arlequin.

A R L E Q U I N.

Insolent !

N A D I R.

C'est ainsi que votre maraine l'appèle ; mais la voici, elle
vous apprendra elle-même, le danger que votre future a
couru.

SCÈNE VI.

LA FÉE TANTPIS, COLOMBINE, ARLEQUIN.

LA FÉE.

Avancez, avancez, mademoiselle, et vous allez voir que
l'époux que je vous destine, est préférable à celui que vous
avait choisi votre père.

COLOMBINE.

Ah ! mon cœur était de moitié dans ce choix là.

LA FÉE, *à Arlequin.*

Mon ami, la jeune personne que je vous présente, est
douce, honnête, jolie, sensible, vertueuse, pétrie de gra-
ces, remplie de talens, un peu sauvage à la verité, mais d'un
cœur excellent ; point de défauts, point de caprices ; elle est
telle enfin que j'étais à son âge : cherchez à lui plaire par tous
les moyens qui sont en votre pouvoir ; que votre esprit la
séduise, que vos talens la captivent, que votre caractère
l'enchante ; mettez en usage l'éducation brillante que je vous
ai donnée, et prouvez-lui que vous savez attaquer adroite-
ment un cœur, et le forcer à se rendre.

A R L E Q U I N, *sans se tourner.*

Ma maraine....

LA FÉE.

Oui, je le sais, vous êtes timide, très-timide ; mais songez que mademoiselle doit être votre épouse ; que les char-
mes qu'elle possède ne se rencontrent pas aisément : que
l'État demande un héritier : que votre maraine vous la présente, et qu'un jeune homme sage et respectueux se soumet
sans résistance aux ordres qu'on lui prescrit.

COLOMBINE.

Ah ! madame , ne forcez-point...

LA FÉE.

Le forcer !... non mademoiselle, je ne le forcerai point à contracter des nœuds qui feraient son bonheur : votre vue est plus puissante que tous mes argumens , mais je cours de ce pas rassembler mes vassaux, ordonner une fête pour célébrer votre arrivée , et j'espère qu'à mon retour , je vous trouverai tous deux dans les meilleures dispositions.

SCÈNE VII.

ARLEQUIN, COLOMBINE.

ARLEQUIN, *se retournant.*

Elle est partie.... ma chère Colombine !

COLOMBINE.

Ciel !... c'est Arlequin !

ARLEQUIN.

Un génie qui nous protège, m'a fourni les moyens de me trouver ici sous cet habit.

COLOMBINE.

Serait-il vrai !

ARLEQUIN.

Profitons du moment que la Fée emploie à rassembler ses sujets , pour échapper à son pouvoir.

COLOMBINE.

Par quels moyens ?

ARLEQUIN.

Mon génie va m'en procurer.(*Il agite sa baguette, et les petits Enfans reparaissent.*) Mon intérêt exige que je sorte à l'instant de ces lieux , puis-je avoir une voiture à ma disposition ?

(*Les Enfans font signe qu'oui, et la Gloire descend.*)

COLOMBINE.

Quel charme !

ARLEQUIN.

Ne perdons point de temps, viens , viens.... mais la Fée va découvrir notre fuite... quel chemin devons-nous prendre pour rendre ses recherches inutiles ?

UNE VOIX.

Suis-moi.

(*L'Oiseau sort de la coulisse, et par son vol indique à Arlequin le chemin qu'il doit prendre.*)

ARLEQUIN.

Prenons le chemin de la gloire.

(*A mesure que la gloire monte , le canapé où est Gilles reparaît.*)

SCENE VIII.

GILLES, *dormant.* LA FÉE, Troupe de Soldats et Habitans de l'Isle.

LA FÉE.

Venez, mes amis, venez saluer l'épouse de mon fils.... où donc est elle ?... quoi, Gilles est endormi !... ô comble de l'impolitesse !... Gilles !... Gilles !

GILLES, *se réveillant.*

Ma maraine !

LA FÉE.

Ou donc est la princesse ?

GILLES.

Vous venez de la faire disparaître.

LA FÉE.

Je viens de la faire disparaître...

GILLES.

Et je suis tenté de me rendormir pour la revoir encore.

LA FÉE.

Comment !

GILLES.

Quel songe !

LA FÉE.

Ce n'est point un songe, la princesse est arrivée en ces lieux, avec moi ; je te l'ai présentée ; je vous ai laissés ensemble.

GILLES.

Vous me feriez croire que je dors encore.

LA FÉE.

Mon cher Gilles, comment se fait-il que tu perdes le souvenir d'un événement aussi récent.

GILLES.

Comment pouvez-vous me soutenir une chose aussi déraisonnable ?

LA FÉE, *appercevant et ramassant la flèche qu'Arlequin a laissé tomber.*

Que vois-je !... la flèche de mon plus cruel ennemi : tout est expliqué ; c'est à lui que je dois la fuite de Colombine ; c'est lui qui l'a protégée.

TOUS.

O ciel ! la princesse est enlevée !

GILLES.

Quelle catastrophe !

LA FÉE.

Mes amis, secondez mon ressentiment : que chacun de vous commence ses recherches, et que leur exactitude soit le garant de leur succès.

CHŒUR.

Mes chers amis, de suite
Volez { à poursuite
Volons {

Envain ils ont cru { me / la } tromper.

Mon { pouvoir surpasse leur puissance.
Son {

Non, non à { ma / sa } juste vengeance
Ils ne peuvent échapper.

ACTE TROISIÈME.
Le Théâtre représente une Forêt.

SCÈNE PREMIÈRE.

LA FÉE, GILLES, NADIR, *Soldats*, etc. (*Marche.*)

LA FÉE.

Eh bien, mes amis, nos recherches ont jusqu'à présent été infructueuses.

NADIR.

Hélas, oui.

GILLES.

Ma future est flambée.

LA FÉE.

Ne perdons point courage, Arlequin ne peut aller loin ; il ne devait son pouvoir qu'à cette flèche ; le hazard la fait tomber entre mes mains, et j'espère qu'il ne tardera pas à devenir mon prisonnier.

GILLES.

Nous ne le tenons pas encore.

LA FÉE.

Cette forêt très-éloignée de mon palais, est vaste imposante, et sur-tout renommée par le grand nombre de sermens d'amour qui s'y sont prononcés ; Arlequin ne la verra point sans former le desir de s'y arrêter.

GILLES.

Et s'il s'y arrête, nous l'arrêterons.

LA FÉE.

Sans doute.

NADIR.

La Reine me permettra de lui observer qu'il serait à propos de parcourir cette forêt pour y découvrir Arlequin.

GILLES.

Vous feriez encore mieux de l'abattre, vous le verriez plus aisément.

NADIR.

Et comme le moindre retard pourrait nuire à ses projets, je croirais utile de partir de suite.

GILLES.

Vous n'y pensez-pas, Nadir ; nous venons de faire 30 lieues sans boire, sans manger, sans dormir ; il est urgent de réparer nos forces avant de recommencer d'autres courses.

LA FÉE.

Gilles a raison. (*Elle frappe la terre, et fait sortir des Tables chargées de fruits, etc., etc. Gilles fait preuve de gourmandise, en courant de l'une à l'autre*).

LA FÉE à Nadir.

Mais moi qui sens la justesse de vos conseils, Nadir, je vous engage à me suivre, et nous allons reconnaître les endroits qui pourraient servir de retraite à notre ennemi.

(*Elle sort avec Nadir.*)

SCÈNE II.

GILLES ; *Soldats.*

GILLES.

Oui, oui, courez, moi je reste. Une femme est souvent plus aisée à trouver qu'un bon repas, et celui-ci me paraît mériter, par sa bonne mine, l'honneur que je lui fais.

(*Il mange d'une manière gloutonne.*)

CHŒUR.

Mangeons,
Buvons,
Chantons,
Dansons ;
Ah ! que ces mets sont délectables,
Ce Nectar est délicieux
Et ses effets sont admirables
Il rend les femmes plus traitables,
Les hommes plus audacieux.

(*à la fin du Chœur les Soldats et Gilles demi-yvres s'endorment ; Arlequin et Colombine paraissent dans la Gloire.*)

SCÈNE III.

Les mêmes endormis, ARLEQUIN toujours en Gilles, et COLOMBINE en Paysanne.

ARLEQUIN.

La voiture s'arrête à propos. (*Il descend avec Colombine.*)

COLOMBINE.

C'est une nouvelle précaution du Génie qui nous protège.

ARLEQUIN.

Je suis très-content de lui..... la jolie table..... qu'elle est bien garnie !..

COLOMBINE.

Elle provoque l'appétit.

ARLEQUIN.

Et moi je n'en manque jamais. (*Il va pour prendre une bouteille, elle s'envole, et la première table rentre sous terre.*) Oh! oh! qu'est-ce-à dire.

COLOMBINE.

C'est un avertissement pour t'engager à être plus sobre à l'avenir.

ARLEQUIN.

La sobriété s'accorde mal avec mon caractère. (*Il veut prendre un pâté, le pâté s'envole, et la seconde table rentre sous terre.*) Comment! dînerais-je par cœur?

COLOMBINE.

Je commence à le croire.

ARLEQUIN.

Ce serait la première fois.

COLOMBINE.

Cette disparution offre quelque chose d'extraordinaire.

ARLEQUIN.

Et de désagréable.

COLOMBINE.

Ces Soldats....

ARLEQUIN.

Je ne crains pas les soldats qui dorment.

COLOMBINE.

Cependant....

ARLEQUIN.

Ton costume ne peut faire naître de soupçons, puisqu'il ne jette aucun éclat.

COLOMBINE.

Je dois ce changement à ta prudence.

GILLES, *rêvant.*

Charmante Colombine !

COLOMBINE.

Qui m'appèle ?

ARLEQUIN.

Paix !

GILLES *rêvant.*

Indigne rival !

ARLEQUIN.

Mal'heureux !

COLOMBINE.

Paix !

ARLEQUIN, *l'appercevant.*

C'est Gilles !

COLOMBINE.

Gilles !

GILLES, *rêvant.*

Je brûle, je sèche, je languis.

COLOMBINE.

Oui, je reconnais les soldats qui nous environnent.... ils appartiennent à la Fée.

ARLEQUIN.

Le danger devient pressant....

COLOMBINE.

Appèle ton génie.

GILLES, *rêvant toujours.*

Ingrate, tu dédaignes mes feux !

ARLEQUIN.

Ciel !

COLOMBINE.

Quoi !

ARLEQUIN.

Colombine !

COLOMBINE.

Eh bien ?

ARLEQUIN.

J'ai perdu mon Pouvoir !

COLOMBINE.

Mal'heureux !

ARLEQUIN.

On vient!.... Comment échapper au danger qui nous menace.

GILLES, *rêvant.*

Arrête, ne fuis pas, pas à pas.

SCÈNE IV.

Les mêmes, NADIR.

NADIR *à Arlequin qu'il ne voit que par derrière.*

Prince, la Reine m'envoie vers vous : on vient de l'instruire qu'Arlequin rodait autour de ces lieux, elle vous engage à rassembler vos sujets.

ARLEQUIN, *à part.*

Mes sujets !

NADIR.

Et le poursuivre sans relâche.

ARLEQUIN, *à part.*

La bonne méprise

(18)

N A D I R.

Elle m'a chargé de vous remettre son talisman et cette baguette qui a jadis appartenu à votre rival.

A R L E Q U I N *à part.*

Ma baguette ! ô bonheur !

N A D I R.

L'un et l'autre vous serviront dans les grands dangers, le talisman pour vous faire reconnaître des Esprits soumis à la Fée, votre maraine ; la baguette pour vous faire obéïr de ceux soumis à l'Oiseau bleu.

C O L O M B I N E *à part.*

Nous sommes sauvés.

N A D I R.

Je retourne auprès de votre maraine, recevoir ses nou‑veaux ordre ; mais si vous m'en croyez, vous ne tarderez point à vous mettre en chemin.

A R L E Q U I N.

Non, je ne tarderai pas à me mettre en chemin.

S C È N E V.

Les mêmes, excepté N A D I R.

(*Arlequin et Colombine témoignent, par leurs gestes, la joie qu'ils ont d'échapper à la Fée*).

A R L E Q U I N.

Partons, munis de ces deux talismans ; nous pouvons aisément braver tous les périls.

C O L O M B I N E.

Mais cet habit qui t'a servi deux fois, pourrait te devenir funeste.... Gilles n'a qu'à nous rencontrer ?

A R L E Q U I N.

Tu as raison ; cherchons par un nouveau déguisement à éloigner tous les soupçons.

C O L O M B I N E.

Un costume galant, mais simple.

A R L E Q U I N.

Celui d'un Troubadour !

C O L O M B I N E.

A merveille.

(*Travestissement.*)

A R L E Q U I N.

Le voici.

C O L O M B I N E.

J'apperçois à travers des arbres, et vers le milieu de la forêt, une lumière....

A R L E Q U I N.

C'est sans doute celle de la chaumière de quelque paysan....

C O L O M B I N E.

Qui ne nous refusera pas un asile pour cette nuit.

A R L E Q U I N.

C'est chez les mal'heureux que la pitié se trouve.

C O L O M B I N E.

Il n'y a pas un instant à perdre, éloignons-nous de ces lieux, et dirigeons nos pas vers cette chaumière. (*ils sortent.*)

S C E N E VI.

G I L L E S, *rêvant toujours.*

Tu fuis....vous fuyez.... je vous poursuivrai jusqu'au bout de la foret. (*il s'agite et se reveille.*) Ah!... ah!... alons ils est dit que je ne m'endormirai pas une fois, sans voir cette maudite princesse, et avec qui encore?... avec mon rival, oui, avec mon rival.... il est temps que cela finisse, et que nous recommencions nos recherches....
(*L'Oiseau bleu se montre entre les branches de l'arbre de la 2e. ou 3e. coulisse du côté opposé*).

G I L L E S.

Et ce diable d'Arlequin, si une fois nous le tenons.

L' O I S E A U.

Non.

G I L L E S.

Heim !.... il saura jusqu'à quel point....

L' O I S E A U.

Point.

G I L L E S.

D'où part cette voix ?

L' O I S E A U.

Vois.

G I L L E S.

Quel est l'audacieux qui ose se jouer à moi ?

L' O I S E A U.

Moi.

G I L L E S.

Soldats, soldats, tandis que vous vous occupez à ne rien faire, le protecteur d'Arlequin veille, il est en ces lieux.

T O U S.

En ces lieux.

G I L L E S.

Je viens de l'entendre.... le triomphe d'Arlequin lui paraît sûr ; mais c'est envain qu'il le protêge.... oui, j'en jure par... votre courage, Arlequin périra.

L' O I S E A U.
Rira. (*Il se retire*).

G I L L E S.
Vous l'entendez, amis ? plus de délai : placez-vous sur deux rangs, et voulez-vous bien avoir la bonté de me suivre. (*Il les range en ordre et prêt à marcher*).

SCÈNE VII.
Les mêmes, N A D I R.

N A D I R.
Arrêtez, prince, votre maraine a changé de sentiment : au milieu de la forêt est un pavillon vieux et abandonné ; c'est là qu'elle attend votre ennemi. Voyez-vous cette lumière qui brille dans le lointain, c'est elle qui vient de la faire placer, certaine qu'elle sera vue d'Arlequin et de Colombine qui, harassés par la fatigue, ne manqueront pas de chercher au lieu sûr pour se reposer.

G I L L E S.
Qu'elle est rusée, ma maraine !

N A D I R.
Elle vous prie de vous rendre auprès d'elle, et m'a ordonné de guider vos pas.

(*Marche.*)

Le Théâtre change et représente la cour d'une ferme ; le mur du fond est très-peu élevé : on apperçoit une tour, à laquelle est suspendu un fanal allumé, à droite du spectateur et dans le fond, est un vieux tronc d'arbre.)

SCÈNE VIII.
LA F É E en vieille fermière, S O L D A T S, etc.

L A F É E.
Je ne suis plus votre reine, mes amis ; je suis une simple fermière.

UN G A R D E.
A qui, cependant, nous nous ferons toujours un devoir d'obéir.

L A F É E.
Mon nouveau rang ne vous en dispense point, d'ailleurs la plus grande soumission est nécessaire à mes projets. La baguette à laquelle Arlequin devait son pouvoir, est entre mes mains ; et si elle ne lui ôte pas entièrement la protection de son génie, elle servira du moins à m'éclairer sur ses démarches, et sur-tout à le reconnaître. Quelques uns d'entre vous ont cru voir deux personnes traverser la forêt ; comme il serait possible qu'elles soient celles que nous cherchons, ne négligez rien pour vous en assurer. (*Fausse sortie.*) Un moment. Souvenez-vous, en quelqu'ocasion que ce soit, de

ne point prononcer mon nom , et de ne m'appeler que la vieille fermière. (*Ils sortent.*)

SCÈNE IX.
LA FÉE, *seule.*

Quoi! deux enfans déjoueraient mes projets? s'aimeraient, s'uniraient malgré-moi ! non , je ne le souffrirai point. Le bonheur des autres fait mon suplice; je ne vis que du mal que je fais , et je suis trop vieille maintenant pour changer d'habitudes.... d'ailleurs j'ai promis d'unir à Gilles , cette petite Colombine que je poursuis.... leurs caractères entièrement opposés produiront entr'eux des scènes.... délicieuses.... qui m'amuseront, m'égaieront , et feront le charme de ma vie.... non , il serait trop cruel de renoncer à cet espoir.... mais quelqu'un vient....

SCÈNE X.
LA FÉE, GILLES, SOLDATS, etc.
GILLES.

Ah! ma maraine, on voit bien que vous êtes une femme, car vous changez souvent de façon de penser.

LA FÉE.

Je ne vous dois point compte de mes motifs, Gilles , qu'il vous suffise de savoir que j'ai mes raisons....

GILLES.

Vos raisons !.... c'est comme tantôt.

LA FÉE

Paix.

GILLES.

Ce que j'en dis; n'est pas pour vous fâcher; ma maraine; c'est qu'il est guignonant que ce maudit Arlequin échappe toujours à nos recherches.

LA FÉE.

En vérité.

GILLES.

Et Colombine !.... cette petite Colombine que j'ai déjà vue deux fois , en songe, ne la verrais-je donc autrement ?

LA FÉE.

Rassure-toi, mon ami, tu possède le moyen de triompher d'eux.

GILLES.

Moi, ma maraine !

LA FÉE.

La baguette que Nadir t'a remise avec mon talisman.

GILLES.

Allons-donc , vous voulez rire, Nadir ne m'a rien remis.

NADIR.

Le prince me permettra de lui représenter....

GILLES.

Ah ! oui, présentez-les moi, je les accepterai.

NADIR.

J'ai eu l'honneur de vous les remettre tout à l'heure dans la forêt.

GILLES.

Je vous proteste, ma maraine, qu'il n'en est rien, je n'ai rien vu, on ne m'a rien remis, et j'ignore qui possède le talisman et la baguette.

UNE VOIX.

Arlequin.

TOUS.

Ciel !

LA VOIX.

Et tant qu'il gardera ces deux Talismans, tu n'auras point de pouvoir sur lui, ni sur Colombine.

LA FÉE.

O rage !

GILLES.

O horrible Oracle !

LA FÉE.

Je suis jouée deux fois dans le même jour.

GILLES.

Combien de gens le sont d'avantage.

LA FÉE.

Cette contrariété accroît ma vengence, oui, je vais redoubler d'effort pour......

SCÈNE XI.

Les mêmes, UN GARDE.

LE GARDE.

Reine.... madame la fermière.... les deux personnes que nous avons apperçues, demandent à passer la nuit dans cet endroit.

GILLES.

Si c'était eux !

LA FÉE.

Qu'on les fasse entrer.

(*Le garde sort.*)

Et vous, passez dans cette chambre et soyez prêts au premier signal.

(*Gilles, Nadir et les gardes entrent dans le cabinet à gauche.*)

SCÈNE XII.

LA FÉE *seule*.

Excellent moyen ! ils ne peuvent m'échapper.

SCÈNE XIII.

LA FÉE, ARLEQUIN et COLOMBINE.

COLOMBINE.

Ah ! madame, daignez accueillir avec bonté, deux pauvres voyageurs........

LA FÉE, *à part*.

C'est elle.

ARLEQUIN.

Que la fatigue accable, que la faim dévore, que la soif tourmente, que le sommeil endort.

LA FÉE, *à part*.

C'est lui.

TRIO.

ARLEQUIN ET COLOMBINE.

Ah ! pour cette nuit seulement,
Recevez-nous dans votre ferme.

LA FÉE (*à part.*)

Faignons d'hésiter un moment.

ARL. ET COL.

A la pitié si votre cœur se ferme :
Madame ah ! c'en est fait de nous.

LA FÉE (*à part.*)

Leur aspect redouble mon courroux.
(*Haut.*)
Mes chers enfans, rassurez-vous,
Jusqu'à demain dans cette ferme
Je consens à vous recevoir.

ARL. ET COL.

A nos malheurs le destin met un terme,
Puisque l'on daigne ici nous recevoir.

LA FÉE.

A leur bonheur, je saurai mettre le terme ;
Ils connaîtrons l'excès de mon pouvoir.

ARL. ET COL.

Ah ! de notre reconnaissance,
Comment vous exprimer l'ardeur......

LA FÉE.

Mes chers ami je vous dispense
D'un sentiment aussi flatteur.
(*à part.*)
Leur aspect accroît ma fureur.

ARL. ET COL.

A nos malheurs, &c.

LA FÉE.

A leur bonheur &c.

COLOMBINE.

Bonne mère, que d'obligations !...

LA FÉE.

Je suis intéréssée à vous servir....

ARLEQUIN.

Vous !... et de quelle manière ?...

LA FÉE.

Soulager son semblable est un devoir.

ARLEQUIN.

Que bien des gens regardent comme un abus.

COLOMBINE.

Quelques fruits suffiraient pour appaiser notre faim.

ARLEQUIN.

Quelques flacons de bon vin suffiraient pour diminuer ma soif.

LA FÉE.

Je vais vous les procurer.

COLOMBINE et ARLEQUIN.

Un tel service ne sortira jamais de notre mémoire.

LA FÉE.

Je n'en doute pas. (*A part.*) Enfin ils sont à moi.
(*elle sort.*)

SCÈNE XIV.

COLOMBINE, ARLEQUIN.

ARLEQUIN.

Eh bien ! Colombine, tu le vois, il est encore de bonnes gens dont le cœur n'est point endurci.

COLOMBINE.

Combien nous devons nous féliciter d'avoir trouvé cette chaumière.

ARLEQUIN.

La Fée ne viendra pas nous y chercher.

COLOMBINE.

Mon ami, sa puissance est bien grande et nous ne saurions prendre trop de précautions pour lui échapper.

ARLEQUIN.

Je me moque de sa puissance, n'ai-je pas la mienne.
(*La Fée entre doucement, et écoute.*)

COLOMBINE.

Crois-moi; retournons au plutôt chez mon père, il avait déja consenti à notre union, et lorsqu'il saura les périls que tu as bravés pour m'arracher des mains de son ennemie, il ne balancera pas à tenir sa promesse.

ARLEQUIN.

Ton père est faible.

COLOMBINE.

Mais bon.

ARLEQUIN.

Il craindra la vengeance de la Fée.

COLOMBINE.

Penses-tu qu'elle veuille encore nous faire du mal?

ARLEQUIN.

C'est son amusement.

COLOMBINE.

Tu la juges...

ARLEQUIN.

Comme elle le mérite.

COLOMBINE.

Cependant....

ARLEQUIN.

La Fée est un monstre dont le cœur est inaccessible à la pitié.

LA FÉE, *à part.*

Il est tems d'agir. (*Elle touche le tronc d'arbre avec sa baguette, et sort.*

SCÈNE XV.

ARLEQUIN, COLOMBINE.

(*L'Arbre s'ouvre et laisse voir un tableau magique repré-sentant le père de Colombine enchaîné.*)
(*Une Musique douce se fait entendre, Arlequin et Colombine écoutent avec attention, enfin ils apperçoivent le tableau.*)

COLOMBINE.

Mon père !

ARLEQUIN.

Monsieur Cassandre !

COLOMBINE.

En quel état vous trouvais-je ?

ARLEQUIN.

Qui a pu vous enchaîner ainsi ?

LE FAUX CASSANDRE.

La Fée Tantpis.

ARLEQUIN.

Tantpis.

COLOMBINE.

O ciel ! où donc est elle ?

LE FAUX CASSANDRE.

Ici.

ARLEQUIN et COLOMBINE.

Ici !

LE FAUX CASSANDRE.

Vous êtes chez elle.

ARLEQUIN et COLOMBINE.

Chez elle !

LE FAUX CASSANDRE.

« *Mais vous possédez l'heureux moyen de rendre vains*
» *tous ses enchantemens, et de me déliver.*

COLOMBINE.

O mon père, daignez nous l'indiquer.

ARLEQUIN.

Et vîte, vîte, monsieur Cassandre que nous vous tirions
des griffes de cette maudite Fée.

LE FAUX CASSANDRE.

« *Les talismans que le hazard a procurés à Arlequin.*

ARLEQUIN.

Eh bien ?

LE FAUX CASSANDRE.

« *Si je puis les toucher....*

ARLEQUIN.

Ah ! Colombine ; prends et remets à ton père ces Talismans, trop heureux de pouvoir lui être utile.

COLOMBINE.

Tenez, mon père, tenez, Arlequin et moi nous sacrifi-
rions nos jours pour vous sauver.

LE FAUX CASSANDRE, *montrant les Talismans.*

« *Je les tiens.*

(*A peine Colombine a remis au faux Cassandre les Talismans
d'Arlequin, que des deux côtés sortent la Fée, Gilles,
Nadir et des Soldats qui se jettent sur Arlequin et Colombine. L'arbre se referme.*)

ARLEQUIN et COLOMBINE.

C'en est fait, nous sommes perdus.

LA FÉE.

Imprudens ! reconnaissez en moi votre plus dangereuse
ennemie.

ARLEQUIN et COLOMBINE.

Mal'heureux !

LA FÉE.

Ce tableau magique a produit l'effet que j'en attendais ;
trompée par la ressemblance, et croyant parler à votre père,
vous avez remis à un de mes gardes les Talismans qui seuls
pouvaient s'opposer à la réussite de mes projets.

CHŒUR.

LA FÉE.

Le sort vous livre à ma puissance,
Perdez l'espoir de m'échapper
Deux fois on ne peut me tromper.

ARL. ET COL.

Perdons l'espoir de la tromper
Nous ne pouvons plus échapper.

CHŒUR.

Perdez, &c.

LA FÉE.

Allons en diligence
Suivez mes pas.

ARL. ET COL.

Malheureux ! hélas ! hélas !

LE CHŒUR.

Sans résistance ,
Suivez mes pas
Suivez mes pas.

ACTE QUATRIÈME.

Le Théâtre représente un jardin bien décoré Au lever de la toile on voit l'Oiseau bleu courir çà et là , dès qu'il apperçoit Colombine , il court se réfugier sous un buisson.

SCENE PREMIERE.

COLOMBINE. (*Elle arrive seule et lentement.*)

Infortunée !... quel triste avenir m'attend !... Arlequin es au pouvoir de la Fée , et ne peut point espérer de tromper sa surveillance : moi-même , je ne dois sortir de ces lieux , qu'après avoir consenti à épouser Gilles !... l'épouser !... ah ! plutôt mourir.

ROMANCE.

Rien n'est égal à ma douleur ;
La peindre serait impossible ;
Car le tourment le plus horrible
Est de survivre à son bonheur.
Si je puis sauver Arlequin ,
Sans regrets je perdrai la vie ;
Parmi les fleurs , la plus jolie ,
N'a duré souvent qu'un matin.

(*L'Oiseau bleu s'avance , et regarde s'il n'est vu de personne.*)

SCÈNE III.

COLOMBINE, L'OISEAU.

COLOMBINE.

Ce pauvre Arlequin , victime comme moi de la perfidie de la méchante Fée , qu'elle ame assez généreuse pourra m'instruire de son sort ?

(*L'Oiseau s'avance d'un air caressant , et semble dire à Colombine par ses signes , c'est moi.*)

Dieux ! me trompé-je ? on dirait qu'il m'entend ?

(*L'Oiseau continue , et par ses signes semble dire oui.*)

Ah ! gardons-nous de trop de confiance.... cette enveloppe

légère, cache peut-être un des esprits soumis à notre cruelle ennemie.

(*L'Oiseau répond par signe, non.*)

S'il est vrai, apprends-moi donc et de suite les lieux qui recèlent mon Arlequin.

(*L'Oiseau lui indique à droite.*)

Dans cette Tour ?

(*L'Oiseau, toujours par signes, oui.*)

Si je pouvais y pénétrer ?...

(*L'Oiseau, par signes, non.*)

(*Soupirant.*) Non !... ah ! du moins lui écrire, calmer ses souffrances ! le rassurer sur mon sort, et lui jurer de l'aimer toujours.

L'Oiseau arrache une plume de son aîle, et la présente à Colombine qui d'abord est embarassée sur la manière dont elle va lui écrire ; mais elle s'avise bientôt ; et détachant un de ses rubans, et se saignant au bras, elle écrit. L'Oiseau guette pendant ce temps.)

Insensée ! j'oubliais que personne ne consentira à se charger de mon billet.

(*L'Oiseau, par signes, moi.*)

Toi ! ah ! (*Colombine, au comble de la joi, attache son ruban autour du col de l'Oiseau. Elle dépose quelques baisers sur son aîle, et le suit des yeux, jusqu'à ce que elle ne le voit plus. Pendant ce temps, Gilles arrive de l'autre côté.*)

SCÈNE IV.
GILLES, COLOMBINE.
GILLES, *après un moment.*

Quand vous serez lasse de regarder, mademoiselle colombine, je vous présenterai mes hommages.

COLOMBINE.

Ah ! c'est vous, monsieur Gilles ?

GILLES.

Moi-même, mademoiselle, qui ne me suis point fait annoncer, afin de vous causer une surprise agréable.

COLOMBINE.

Effectivement, vous me surprenez.

GILLES.

J'en étais sûr. Je viens vous demander quel est le jour que vous choisissez pour la célébration de notre mariage.

COLOMBINE.

De notre mariage... à peine nous sommes nous vus.

GILLES.

Des jeunes gens comme nous se plaisent à la première vue.

COLOMBINE.

Je ne l'ai pas éprouvé.

GILLES.

Oh ! il est bien certain que je vous plais , que vous me plaisez , et que je vous épouse.

COLOMBINE.

Impossible.

GILLES.

La raison ?

COLOMBINE.

C'est que je ne vous aime pas.

GILLES.

En vérité ?... c'est étonnant, mais rassurez-vous, l'amour vient avec le temps.

COLOMBINE.

Au contraire il s'enva.

GILLES.

Considérez-vous le bonheur dont je puis vous faire jouir. Je suis d'un caractère doux , paisible ; d'une confiance admirable.... vous ne trouverez jamais mieux, c'est moi qui vous le dis.

COLOMBINE.

Vous croyez ?

GILLES.

Le fait est constant

COLOMBINE.

Cependant....

GILLES.

Serait-ce Arlequin, ce maudit brunet que vous voudriez me comparer..., je vous crois le goût trop délicat pour oser le préférer à moi, à moi qui ait les qualités essentielles pour plaire et pour faire un excellent mari.

COLOMBINE.

Et pourtant rien n'est plus vrai, Arlequin est celui que j'aime , et le seul que j'aimerai.

GILLES.

Ingrate ! oubliez-vous ce que votre père a promis à ma maraine le jour de ses noces.

COLOMBINE.

Je ne sais rien, sinon qu'Arlequin à ma parole.

GILLES.

On n'est plus forcé de la tenir.

COLOMBINE.

Mais moi je la tiendrai.

GILLES.

Mademoiselle Colombine.... je vous ai déclaré mon amour d'une manière franche et positive. Je suis doux... mais votre refus est de nature à changer la douceur de mon caractère.

C O L O M B I N E.

Et votre caractère ne saurait adoucir mon refus.

G I L L E S.

Songez que vous êtes chez ma maraine, et que son pouvoir..

C O L O M B I N E.

Ne va pas jusqu'à me forcer de vous aimer.

G I L L E S.

Mon mérite seul vous fera bientôt ouvrir les yeux, et vous abjurerez...

C O L O M B I N E.

Ne l'espérez point, j'en fais ici le serment, jamais Colombine ne sera votre épouse.

(*Sortie en pantomime.*)

S C È N E V.

G I L L E S , *seul.*

Si c'est là de l'amour, je ne m'y connais pas. Ah ! petite entêtée, vous refusez un prince qui vous adore, et pour qui ? pour un benêt d'Arlequin qui a eu l'art de vous ensorceler... nous verrons si vous résisterez toujours ?... Arlequin ne peut s'échapper, et s'il le tentait, il serait bientôt repris ; la plaine est pleine de soldats pleins de zèle, prets au moindre signal à fondre sur lui, et...

S C È N E VI.

G I L L E S , N A D I R.

N A D I R.

Prince, la Fée, votre maraine, veut rassembler quelques uns de ses sujets, pour distraire Colombine, elle vous attend pour l'aider dans son choix.

G I L L E S.

Il suffit. (*A part.*) Si je trouvais un moyen d'éloigner mon rival !

N A D I R.

Les dames de la cour sont assemblées, et le plus léger retard pourrait les indisposer.

G I L L E S.

J'y vais dans l'instant. (*A Nadir.*) Nadir.

N A D I R.

Prince ?

G I L L E S.

Tu es un serviteur fidèle, intelligent, adroit, et discret..

N A D I R.

Seigneur....

G I L L E S.

J'ai besoin de toi.

NADIR.

Je m'en doutais.

GILLES.

Je brûle pour un ingrate.

NADIR.

Vous n'êtes pas fait pour en trouver.

GILLES.

On me l'a dit souvent, et pourtant aujourd'hui j'éprouve le contraire.

NADIR..

Comment la princesse ?...

GILLES.

Par une bisarrerie inconcevable , ne veut pas de moi.

NADIR , *(étonné.)*

Elle ne veut pas de vous ?

GILLES.

Cela t'étonne, moi , pas dutout. Les femmes ont des caprices singuliers, et je crois que celui-ci serait de courte durée, si je n'avais pas un rival....

NADIR.

Dangereux ?

GILLES.

Il est aimé.

NADIR.

Tant pis.

GILLES.

Aussi je cherche les moyens ...

NADIR.

Qu'on pourrait employer pour l'empêcher de vous nuire.

GILLES.

Oui.

NADIR.

J'en connais un sûr.

GILLES.

Il y a longtemps que tu es au service de ma maraine, tu es initié dans une partie de ses secrets.

NADIR.

C'est pour cela que je vous réponds du succès , si je suis chargé de l'entreprise.

GILLES.

Ecoute , il s'agit de me débarasser d'Arlequin; d'empêcher qu'il n'empêche mon mariage, et mille ducats seront ta récompense.

NADIR.

Vous payez trop bien pour qu'on vous serve mal.

GILLES.

Ah! mademoiselle Colombine , nous verrons quand je serai seul , si vous en choisirez un autre: mille ducats , ils sont à toi , si tu me débarasses de mon rival.

(Il sort , et renouvelle par gestes ses promesses.)

SCÈNE VII.

NADIR , *seul.*

Oui, oui , prince , je vous en débarasserai : ce fer, voilà le plus prompt et le plus sûr... daus une heure , vous aurez un rival de moins , et Nadir , mille ducats de plus... quelqu'un s'avance , c'est la jeune princesse: cachons-nous parmis ces arbres , afin de profiter des renseignemens qu'elle – même pourra me donner sans s'endouter.

SCÈNE VIII.

COLOMBINE , *seule.*

Je ne sais quel charme secret m'attire toujours vers ces lieux... L'espoir de revoir arlequin guide mes pas, et m'égare peut-être... Méchante Fée, que t'avions-nous fait pour nous persécuter ainsi ?... hélas! notre seul crime est de nous aimer.

SCÈNE IX.

COLOMBINE, SOLMAN.

SOLMAN.

Madame.

COLOMBINE.

Que voulez-vous ?

SOLMAN.

Cet anneau , preuve de la confiance de celui qui m'envoie; suffira.....

COLOMBINE.

Dieux ! c'est celui d'Arlequin.

SCÈNE X.

Les Mêmes , GILLES , *à droite.*

GILLES.

Colombine avec Solman : écoutons, la curiosité est la passion des grandes ames.

SOLMAN.

Le récit de ses malheurs m'a touché, et par pitié pour lui, j'ai consenti à venir vous informer de ses projets.

GILLES.

Redoublons d'attention.

COLOMBINE.

Ce bon Arlequin, ah! jamais, jamais je ne cesserai de l'aimer.

SCÈNE XI.

Les Mêmes, NADIR, *écoute à gauche.*

NADIR, *à part.*

Il s'agit d'Arlequin : prêtons l'oreille.

COLOMBINE.

Continuez, de grace.

SOLMAN.

Il a revu le génie, dont sont imprudence lui avait fait perdre la protection.

GILLES, *à part.*

Je m'en étais douté.

COLOMBINE.

Eh bien?

SOLMAN.

Il lui a promis de l'assister de nouveau, et de favoriser sa fuite.

COLOMBINE.

Sa fuite.

NADIR.

Sa fuite.

SOLMAN.

Oui madame, après la fête qui se prépare, et dont vous êtes l'objet : Arlequin doit se rendre en ces lieux.

GILLES, *à part.*

Bon !

SOLMAN,

Et de concert avec son protecteur, vous soustraire au pouvoir de la Fée.

COLOMBINE.

Puisse-t-il réussir !

SOLMAN.

Afin de tromper tous les regards, il se présentera à vous, affublé d'un long manteau bleu : trois coups lui serviront de signal pour se faire reconnaître.

NADIR, *à part.*

J'en sais assez.

GILLES.

Ce que c'est que d'écouter, on apprend toujours quelque chose.

NADIR, *à part.*

Ma récompense est sûre.

GILLES, *à part.*

Excellente idée. (*Il se retire.*)

COLOMBINE.

J'entends du bruit... retournez vers Arlequin ; assurez-le de mon exactitude ; mais sur-tout engagez-le à n'agir qu'avec prudence et discrétion.

(*Solman sort.*)

SCENE XII.

COLOMBINE, *seule.*

O ciel ! daignes veiller sur nous. (*Une musique douce se fait entendre. Colombine écoute ; elle apperçoit les gens de la Fée, et reviens sur le devant de la scène.*)

SCÈNE XIII.

COLOMBINE, LA FÉE, NADIR, Gardes et Dames de la Cour.

(*La marche est ouverte par la Fée et Dames de la Cour. Douze petits Gilles viennent ensuite ; ils portent des présens qu'ils offrent en dansant à Colombine. La marche est fermée par des Chevaliers. Colombine et la Fée se placent vis-à-vis l'une de l'autre, et aux deux extrémités du théâtre, tandis que les petits Gilles dansent. Du haut, et dans quatre petites Gloires, descendent quatre petites Colombines qui commencent le Cœur.*)

Honneur à l'aimable Princesse,
Dont la présence embellit ce palais,
Qui sait unir les vertus aux attraits
Et la douceur à la sagesse.
Honneur, &c.

(*Les Gilles dansent d'une manière lente et grotesque, après le ballet ils se retirent.*)

SCÈNE XIV.

COLOMBINE, LA FÉE, NADIR.

LA FÉE.

Vous le voyez, Colombine, je ne néglige rien pour vous prouver à quel point vous seriez heureuse en épousant Gilles: chaque jour serait pour vous une nouvelle source de plaisirs.

COLOMBINE.

Qui commenceraient par étourdir ma tête, et finiraient par corrompre mon cœur.

LA FÉE.

Toujours de grands mots ; nous verrons si Arlequin sera aussi rebelle que vous.

COLOMBINE.

Ne jettez point de doutes sur sa fidélité, Arlequin ne peut changer.

(39)

N A D I R , bas à la Fée.

Dans une heure il ne pourra vous nuire.

L A F É E , bas à Nadir.

Comment ?

N A D I R .

Arlequin n'existera plus.

L A F É E .

Qui t'a ordonné ?

N A D I R

Le prince qui , indigné des refus de Colombine , a résolu de s'en venger.

L A F É E .

A merveille ! Gilles se rend digne de l'amitité que j'ai pour lui. (A Colombine) Pour la dernière fois, colombine , j'intercède en faveur de Gilles: pour la dernière fois , je descends jusqu'à la prière , craignez que votre résistance ne fasse pleuvoir sur vous des malheurs mille fois plus terribles que ceux que vous avez éprouvés.

C O L O M B I N E .

Quelques horribles qu'ils soient , je les préfère à l'himen qu'on me propose.

(La Fée sort avec Nadir , en menaçant Colombine.)

SCÈNE XV.

C O L O M B I N E , seule.

Eh que m'importe tes menaces ? l'heure avance où je n'aurai plus à les redouter. Arlequin ne peut tarder.... L'obscurité de la nuit va favoriser notre retraite , et bientôt !... J'entends du bruit.... oh ! comme le cœur me bat !

SCÈNE XVI.

COLOMBINE , GILLES , couvert d'un manteau bleu ; il s'avance doucement , et frappe trois coups.

D U O .

C O L O M B I N E .

Cher Arlequin , est-ce-toi ?

G I L L E S .

C'est moi.

C O L O M B I N E .

Dans mes bras , c'est toi que je presse,

G I L L E S .

Dans tes bras , c'est moi que tu presse.

E N S E M B L E .

Instans si doux ,
Mormens d'ivresse ,
Prolongez-vous !

C O L O M B I N E .

La nuit avance ,
Fesons silence ,
Sans bruit éloignons-nous.

SCÈNE XVII.

Les Mêmes, NADIR.

(*Il s'avance à pas lents, et avec mistère.*)

TRIO.

NADIR.

Il est exact au rendez-vous.

COLOMBINE ET GILLES.

La nuit avance,
Fesons silence,
Sans bruit éloignons-nous.

NADIR, (*à part.*)

Gagnons ma récompense,
A le frapper préparons-nous.

SCENE XVIII.

LES MÊMES.

(*Arlequin, revêtu d'un manteau bleu, paraît, et frappe trois coups.*)

QUATUOR.

LES TROIS AUTRES, (*à part.*)

O ciel ! qui frappe ces trois coups ?

GILLES, (*à part.*)

Silence !

COLOMBINE, *à part.*

Silence !

NADIR (*à part.*)

Silence !

ARLEQUIN.

Quel silence !

GILLES.

Il vient trop tard au rendez-vous......

ARLEQUIN.

Avec prudence,
Avançons-nous.

GILLES.

De l'impudence,
Elle est à nous.

COLOMBINE.

Qu'aperçois-je !......
Grands dieux !
Ils sont deux !......

NADIR.

Ils sont deux.....

ARLEQUIN.

Colombine, ma tendre amie.
Viens, suis mes pas.

COLOMBINE.

Quel embarras !

NADIR.

Quel embarras ?

COLOMBINE, (*à part.*)

Ciel ! fais cesser mon embarras !

ARLEQUIN.

Une Secrete simpathie,
Vers Arlequin doit t'attirer.

GILLES.

Une secrète simpathie,
Vers Arlequin doit t'attirer.

COLOMBINE.

Une secrete simpathie,
Vers Arlequin va m'attirer.

NADIR.

Une secrète simpathie
Vers Arlequin doit t'attirer.
Sur celui que je dois frapper,
Elle-même va m'éclairer.

(Colombine, quelques temps indécise, est prête à se fixer près d'Arlequin, et Nadir à frapper; mais l'Oiseau bleu descend et vient se placer auprès de Gilles. Colombine abandonne Arlequin pour ce dernier, en s'écriant.)

COLOMBINE.

C'est lui.

NADIR.

C'est lui.

ARLEQUIN.

Que veut dire ceci.

(Nadir a le bras levé, la Fée paraît.)

SCÈNE XIX.
Les Mêmes, LA FÉE.
QUINQUÉ.

LA FÉE.

Vengeance,
Point de clémence;
Qu'Arlequin périsse à l'instant.

GILLES.

Doucement.

(Gilles arrache son masque. Colombine jette un cri. Arlequin laisse tomber son manteau, et se met en posture de défense. Surprise de la Fée et de Nadir.)

TABLEAU.

COLOMBINE, ARLEQUIN.

Ensemble.	Cruel surprise;
	Encore un instant
	Et j'étois } Triomphant.
	Il étoit }
	LA FÉE, GILLES, NADIR.
	De cette méprise
	Vengeons-nous à l'instant.

LA FÉE.

Malheureux, n'espérez point m'échapper, ce dernier crime a comblé la mesure et ma puissance....

L'Oiseau bleu (*dont l'enveloppe ayant disparu, laisse voir l'amour.*

cède à la mienne.

LA FÉE.

Que vois-je ?

L'OISEAU BLEU.

L'Amour ?

LA FÉE

Je suis anéantie.

L'OISEAU BLEU.

Rassurez-vous, couple aimable et intéressant, votre constance vous garantit à jamais ma protection.

COLOMBINE et ARLEQUIN.

Nous en serons toujours dignes.

L'OISEAU BLEU.

Et vous êtres cruels et méprisables, qui avez osé braver mes lois, votre supplice va commencer.

LA FÉE et GILLES.

Ah ! seigneur !....

L'OISEAU BLEU.

Point de pitié pour les méchans. Devenez à l'instant ; spectateurs immobiles du bonheur de ces jeunes amans, et conservez, sous cette enveloppe grossière, le désir de faire le mal et l'impuissance de le commettre.)

(*Gilles et la Fée placés aux deux côtés opposés, se trouvent enfermés par dès grilles de fer qui s'élèvent aussi-tôt. Arlequin change de costume. Le Théâtre change, et laisse voir le même decor, les mêmes personnages rangés de la même manière qu'à la première scène du premier acte. L'Amour conduit Arlequin et Colombine à l'autel, et le Chœur reprend ces vers.*

> Célébrons ce jour heureux,
> où Colombine se marie ;
> Où nous allons voir en ces lieux
> Régner le prince de la folie.

FIN.

De l'Imprimerie de *PELLETIÉ*, rue Française, n.° 13,